电网企业

一线员工 作业一本通

配电故障抢修

国网浙江省电力公司　组编

中国电力出版社
CHINA ELECTRIC POWER PRESS

U0662283

图书在版编目（CIP）数据

配电故障抢修／国网浙江省电力公司组编．—北京：中国电力出版社，2017.8（2018.5 重印）
（电网企业一线员工作业一本通）
ISBN 978-7-5198-1046-7

Ⅰ．①配… Ⅱ．①国… Ⅲ．①配电系统－故障修复 Ⅳ．① TM727

中国版本图书馆 CIP 数据核字（2017）第 184666 号

出版发行：中国电力出版社
地　　址：北京市东城区北京站西街 19 号（邮政编码 100005）
网　　址：http://www.cepp.sgcc.com.cn
责任编辑：刘丽平（liping-liu@sgcc.com.cn）　高　芬
责任校对：闫秀英
装帧设计：张俊霞　左　铭
责任印制：邹树群

印　　刷：北京九天众诚印刷有限公司
版　　次：2017 年 8 月第一版
印　　次：2018 年 5 月北京第二次印刷
开　　本：787 毫米 ×1092 毫米 横 32 开本
印　　张：3.25
字　　数：74 千字
印　　数：5001—7000 册
定　　价：25.00 元

内 容 提 要

本书为"电网企业一线员工作业一本通"丛书之《配电故障抢修》分册，围绕系统操作、移动作业操作、故障处理、工艺规范和优质服务等内容展开叙述，对生产实践具有很强的实用性。

本书可供配电基层管理者和一线抢修班组成员培训和自学使用。

编 委 会

编　写　组

组　长　陈　浩

副组长　刘家齐　高　策　林　群

成　员　陈　蕾　马振宇　苏毅方　李琼鹏　邵文晋　章　雷

　　　　郑　圣　潘　杰　宋　璐　田　烨　胡朋杰　胡　茜

　　　　潘锦良　潘　登　吴信文　杨友乐　张治忠　梁胡平

　　　　孙彬华　陈　鹏　朱　杰　韩安康

丛书序

国网浙江省电力公司在国家电网公司领导下，以"两个率先"的精神全面建设"一强三优"现代公司。建设一支技术技能精湛、操作标准规范、服务理念先进的一线技能人员队伍是实现"两个一流"的必然要求和有力支撑。

2013年，国网浙江省电力公司组织编写了"电力营销一线员工作业一本通"丛书，受到了公司系统营销岗位员工的一致好评，并形成了一定的品牌效应。2016年，国网浙江省电力公司将"一本通"拓展到电网运检、调控业务，形成了"电网企业一线员工作业一本通"丛书。

"电网企业一线员工作业一本通"丛书的编写，是为了将管理制度与技术规范落地，把标准规范整合、翻译成一线员工看得懂、记得住、可执行的操作手册，以不断提高员工操作技能和供电服务水平。丛书主要体现了以下特点：

一是内容涵盖全，业务流程清晰。其内容涵盖了营销稽查、变电站智能巡检机器人现场运维、特高压直流保护与控制运维等近30项生产一线主要专项业务或操作，对作业准备、现场作业、应急处理等事项进行了翔实描述，工作要点明确、步骤清晰、流程规范。

二是标准规范，注重实效。书中内容均符合国家、行业或国家电网公司颁布的标准规范，结合生产实际，体现最新操作要求、操作规范和操作工艺。一线员工均可以从中获得启发，举一反三，不断提升操作规范性和安全性。

三是图文并茂，生动易学。丛书内容全部通过现场操作实景照片、简明漫画、操作流程图及简要文字说明等一线员工喜闻乐见的方式展现，使"一本通"真正成为大家的口袋书、工具书。

最后，向"电网企业一线员工作业一本通"丛书的出版表示诚挚的祝贺，向付出辛勤劳动的编写人员表示衷心的感谢！

国网浙江省电力公司总经理　肖世杰

前　言

  为全面践行国家电网公司"四个服务"的企业宗旨，进一步强化配电运检基层班组的基础管理，提高配电运检基层员工的基本功，持续提升配电网运维检修水平，国网浙江省电力公司来自配电运检一线的基层管理者和业务技术能手，本着"规范、统一、实效"的原则，编写了"电网企业一线员工作业一本通"丛书中的《配电故障抢修》分册。

  本书立足于基层单位生产实际，结合国家电网公司最新的基于PMS2.0的配电网抢修指挥体系，介绍了系统操作、移动作业操作、故障处理、工艺规范和优质服务等内容，在编写过程中，为了保证内容贴近实际，编写组与一线抢修班组成员一起工作，采录素材。本着精益求精的工匠精神，经过不断提炼完善，才得以最终完稿。本书图文并茂、通俗易懂、内容全面、重点突出，可供配电运检基层管理者和一线抢修班组成员培训和自学使用。

  本书的编写得到了苏毅方等专家的大力支持，在此谨向参与本书编写、研讨、审稿、业务指导的各位领导、专家和有关单位致以诚挚的感谢！

  由于编者水平有限，疏漏之处在所难免，恳请各位领导、专家和读者提出宝贵意见！

本书编写组

2017年6月

目　录

Part 1

95598抢修工单主要是基于PMS2.0系统进行流转和操作的，本篇主要从工单受理、工单下放、抢修通知、抢修到达、查勘汇报、修复记录、工单审核、工单归档等方面介绍95598抢修平台的操作流程。

系统操作篇

一　95598抢修平台操作流程

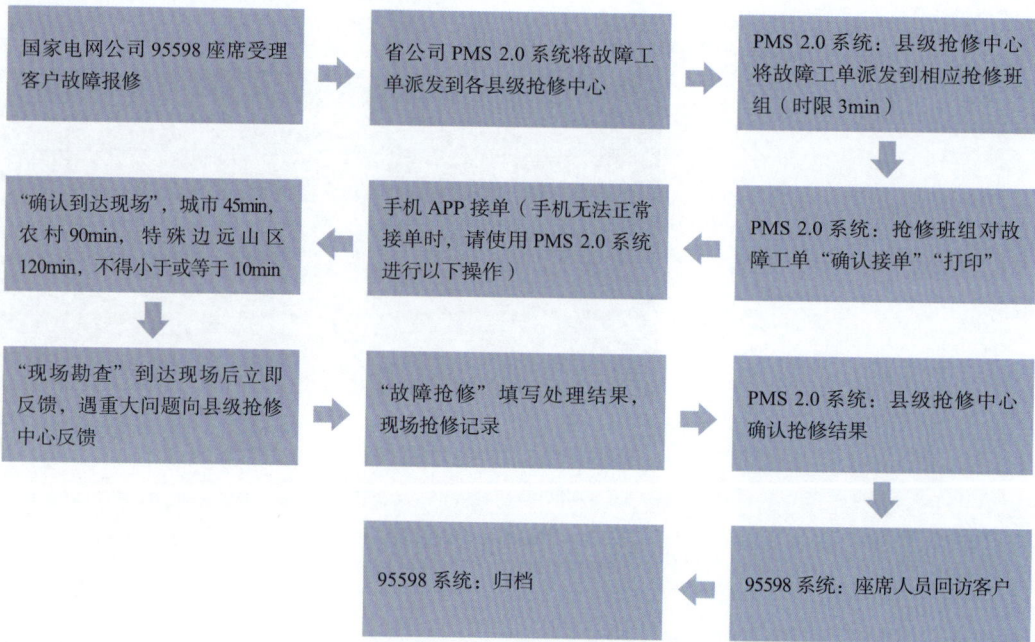

国家电网公司 95598 座席受理客户故障报修

↓

省公司 PMS 2.0 系统将故障工单派发到各县级抢修中心

↓

PMS 2.0 系统：县级抢修中心将故障工单派发到相应抢修班组（时限 3min）

↓

PMS 2.0 系统：抢修班组对故障工单"确认接单""打印"

↓

手机 APP 接单（手机无法正常接单时，请使用 PMS 2.0 系统进行以下操作）

↓

"确认到达现场"，城市 45min，农村 90min，特殊边远山区 120min，不得小于或等于 10min

↓

"现场勘查"到达现场后立即反馈，遇重大问题向县级抢修中心反馈

↓

"故障抢修"填写处理结果，现场抢修记录

↓

PMS 2.0 系统：县级抢修中心确认抢修结果

↓

95598 系统：座席人员回访客户

↓

95598 系统：归档

二 工单受理

95598 下发的抢修工单会直接显示在界面上，状态为已受理。内部工单可以手动进行登记。点击"故障登记"，登记完成后同样是已受理状态。

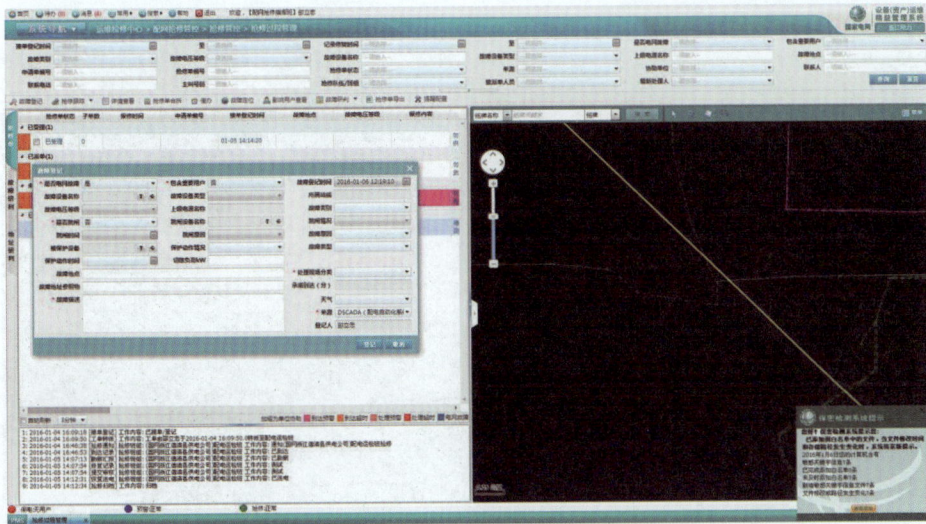

三　工单下放

　　勾选已受理状态的抢修工单，点击"抢修跟踪—工单转派"，选择指定的供电所或者抢修班组进行派单（国家电网公司 3min 考核，需 3min 内将工单转派至供电所层面）。

四　抢修通知

　　供电所登录系统"系统导航→配网抢修管控→抢修管控→抢修过程管理（供电所）"，勾选接到的抢修单，点击"抢修跟踪—抢修通知"按钮；在弹出的对话框中选择抢修队伍，点击"确定"；需要设备运行人员进行抢修的可以点击"设备运行人员"进行勾选。

　　点击"确定"后，抢修单状态为已派工；如果发现工单派错，可以点击"抢修跟踪—转派回退"按钮，将工单退回县局抢修指挥中心。抢修到达后仍可以进行退回操作，勘察汇报后就不能再退回。

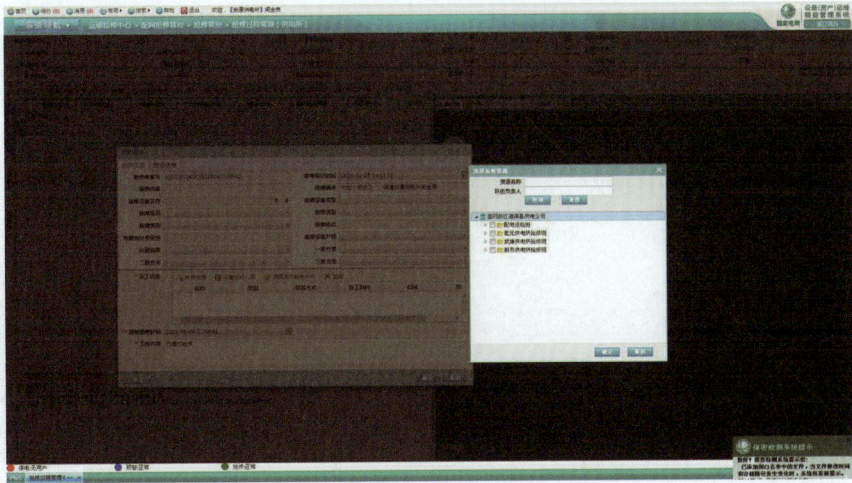

五 抢修到达

（1）抢修班组到达现场后将信息反馈给供电所抢修值班人员，供电所抢修值班人员选择抢修单，点击"抢修跟踪—到达记录"按钮。

（2）在弹出的对话框中，填写到达时间，工作内容系统自动填写；如果超时，则需要填写到达超时说明。

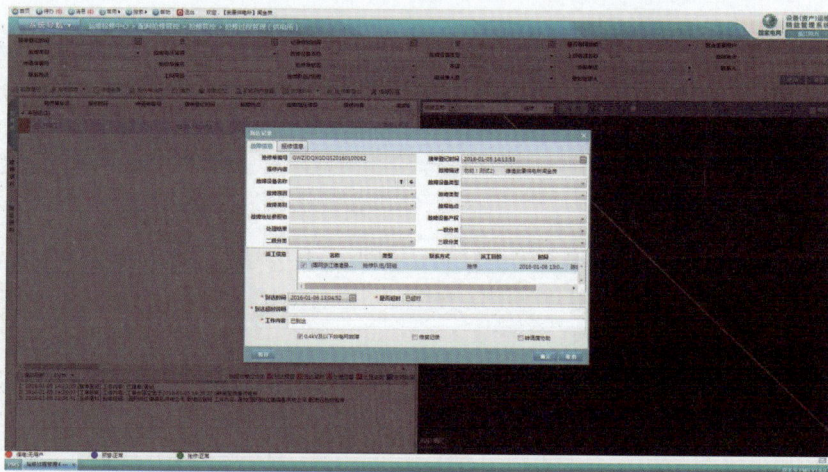

在上图的对话框中点击"确定"后，抢修单为已到达状态；如果到达现场后发现是一些小故障，就可以跳过后面的勘察汇报步骤，在到达记录界面上勾选"修复记录"，点击"确定"后直接跳转到修复记录界面；如果是大的电网故障，则勾选"调度协助"，将工单转派到调度方面进行电网隔离等操作。

六 勘查汇报

（1）抢修队伍进行故障确认后，将信息反馈给供电所抢修值班人员，供电所抢修值班人员选择抢修单，点击"抢修跟踪—勘察汇报"按钮；在弹出的对话框的勘察信息中，填写勘察时间，工作内容系统自动填写；完成勘察信息后，选择报修信息 tab 页，需要填写危害程度和故障描述信息；完成后选择故障信息 tab 页，根据实际情况填写相关信息，点击"确定"，抢修单状态变为已勘察。

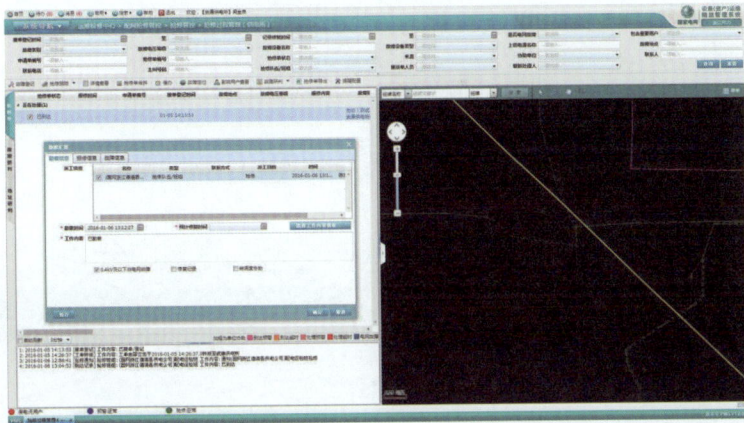

（2）填写勘察汇报的工作内容时可以选择模板带入。点击"选择工作内容模板"按钮，在弹出的窗口选择对应的工作内容模板，点击"确定"后填入工作内容一栏。模板也可以在此维护，点击"新建"即可。

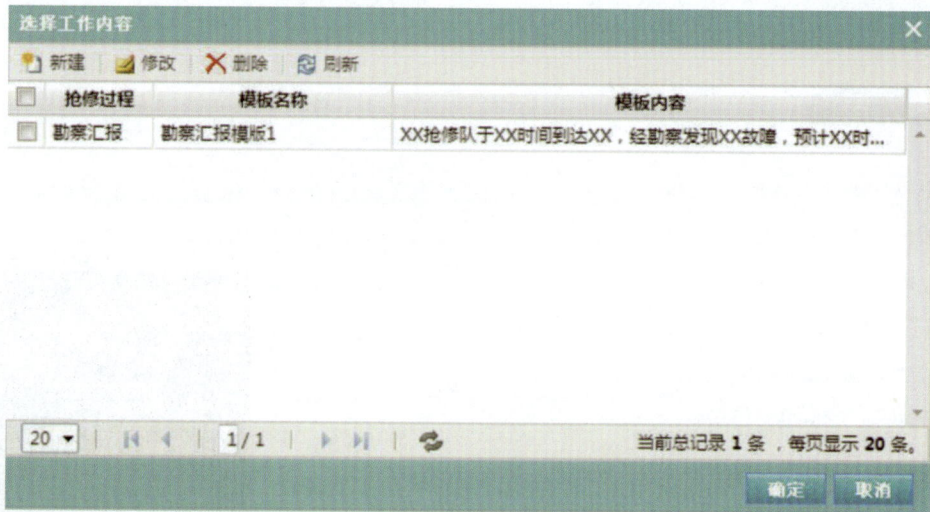

七　修复记录

在现场修复工作完成后，选择抢修单，点击"抢修跟踪－修复记录"按钮；在弹出的修复记录对话框中，填写故障设备产权、处理结果、一级分类、二级分类、三级分类、四级分类、五级分类，"客户意见"选择满意，记录

修复时间，工作内容为原系统的抢修现场记录（模板维护上面已经提到，此处应严格按照省公司要求的模板格式进行填写）；点击"提交审核"，95598 抢修工单将被提交至配电网抢修指挥班，供电所层面的流程结束。

若修复过程中发现缺陷，可以点击"转缺陷"生成一条缺陷任务到检修部门，故障设备不确定的工单不能转缺陷（此处目前基本不会用到）。

八　工单审核

　　供电所提交审核后，在指挥中心层面工单会变成待审核状态，指挥中心的抢修值班人员勾选该条工单，点击"抢修跟踪—回单信息审核"按钮，对上交的工单进行审核（PMS 2.0 的内部工单内部消化，不需要审核，工单转派到哪里就在哪里进行归档，如何归档参见"九、工单归档"）。若合格则点击"确定"提交给 95598；若不合格则退回给供电所对工作内容等进行重新编辑。

九　工单归档

　　对于内部待审核状态的抢修工单以及提交给 95598 后的工单，应点击"抢修跟踪—恢复送电"按钮，确认内容后点击"确定"完成工单归档。如果是电网故障还需要进行原因分析才能归档。归档 24 小时后工单自动消失。

十 常见问题汇总

问题一：指挥中心将抢修工单转派到供电所后，工单显示还在指挥中心？

解决方案：为了方便指挥中心对下派的工单继续进行抢修跟踪，工单转派后不消失，仍可以进行查看，但是不能操作。

问题二：我是供电所的，为什么能看到县里所有的工单，还能进行操作？

解决方案：请确认用户的登录入口是否正确，下图为指挥中心的入口，在 ISC 中赋予的权限是配电抢修班班长 / 班员。

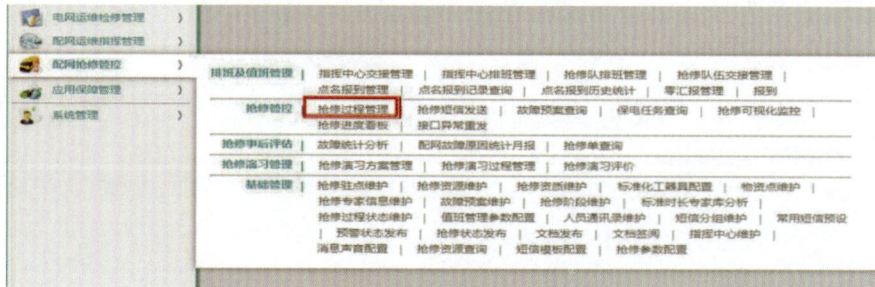

下图为供电所、抢修班的登录入口，在 ISC 中赋予的权限是供电所抢修值班人。

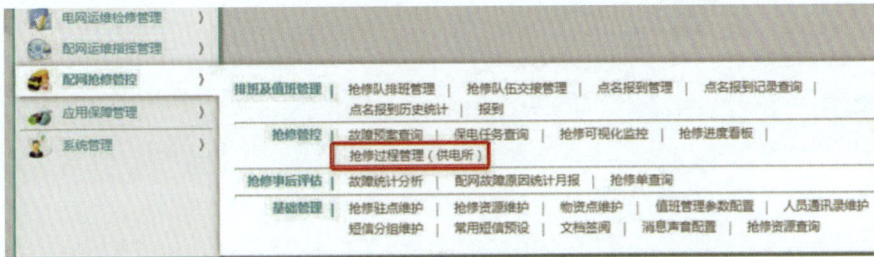

用户登录后如果看到的登录入口与自己的身份不对应或者两个入口都能看到，需要上报地市管理员按对应权限进行调整。供电所赋予供电所抢修值班人权限，指挥中心赋予配电抢修班班长 / 班员权限，不能多配。

问题三：工单转派找不到要下派的班组。

解决方案：系统设定派单只能派到乡镇供电所管理部和供电所及其下属单位，所以派单时是看不到城区的低压运检班、配电运检班，应上报地市管理员。以配电运检班为例，县局设有乡镇供电所管理部的，让地市管理员在 ISC 的业务组织单元维护中将配电运检班的上级组织单元设置成乡镇供电所管理部，派单时就可以在乡镇供电所管理部下面找到配电运检班；市本级没有乡镇供电所管理部的，只能在 ISC 的业务组织单元维护里面新增一个部门，叫乡镇供电所管理部或者某供电所，然后把配电运检班的上级组织单元设置为该单位。

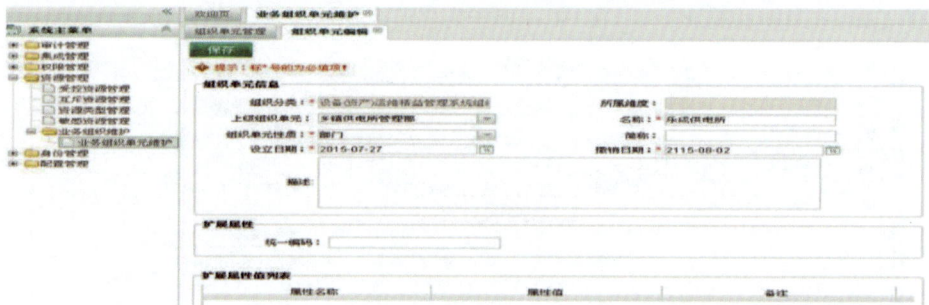

问题四：工单下派到××供电所后，用户使用该供电所的账号登录系统。登录入口正确，但是还是看不到这条工单。

解决方案：丢单的可能性微乎其微，系统要求精确派单。工单派到供电所，只能是供电所层面的账号才能进行处理，供电所下属营业班和运检班的账号是不能进行操作的。同理，派到运检班的单子，供电所账号也不能操作。所以要确认登录账号的所属部门是否正确。如果一定要用该账号接供电所的抢修工单，应上报地市管理员要求将账号的统一缺省修改成供电所。

问题五：用户由供电所下属服务时，每次派单都要点击供电所选到该服务站，太麻烦且容易派错单，要求将服务站放到外面跟供电所平级显示。

解决方案：参照问题三。

问题六：进行抢修通知点击"抢修资源"时完全看不到抢修队伍或者没有用户要指派的抢修队伍。

解决方案：点击"查询"按钮进行刷新显示。如果仍看不到，说明没有维护好，应按"系统导航→配网抢修管控→基础管理→抢修资源"步骤，把抢修队伍或者抢修班组及其下属的抢修队员维护好。目前系统缺陷，权限共享，供电所可以看到县内所有抢修队伍的资料，也可以进行编辑操作。

问题七：执行抢修通知后，登录指派的抢修人员账号收不到提示，也没有手机短信提示。

解决方案：系统不完善，流程上目前就只是一个记录功能，不构成任何实际派单。即目前只是记录了派了谁去抢修，但是抢修人员不会收到任何的系统通知，需要计算机前的值班人员通过电话等系统外手段去通知抢修人员。

十一 系统填写说明

（1）到达现场时间（必填项）：按实际时间选择。

（2）预计修复时间（必填项）：按预计时间选择。

（3）故障类型、故障现象（必填项）：根据实际情况判断，如果工单受理选择的故障类型错误，应进行修正。

（4）故障设备产权属性（必填项）：必须按照实际产权归属填写。

（5）故障原因（必填项）：必须按照现场实际情况填写。

（6）现场分类/故障区域分类（必填项）：根据实际情况判断，如工单受理选择的故障区域错误，则进行修改。要详细注明是否是直供直管、控股、代管单位等信息。

（7）恢复送电时间/故障修复时间（必填项）：按实际时间选择。

（8）停电范围（必填项）：根据实际停电范围，准确填写几户、几栋楼、××小区、××片区、几条街道或几个村停电等。

（9）处理意见/现场抢修记录（必填项）：记录故障设备名称、编号，故障修复情况等，停电范围超过一个台区以上的，必须填写停电设备，包括××设备、××线路、××台区。例如：由××单位××班，××（人员姓名）赶赴现场进行故障抢修，经查××点××分由于××原因导致××干线、××线路、××号杆、××公用变压器停电（冒火、线路接地等），于××日××点××分抢修完毕，恢复供电。

（10）处理结果（必填项）：按实际情况选择。

（11）承办意见（选填项）：填写处理部门对此项业务的处理意见或对受理、回访的建议。例如：请回访人员提醒客户报修前，自查客户资产，缩短停电时间；请受理人员接受客户报修前，先行引导客户检查客户资产共用设备是否正常，有效排查客户产权范围故障。

十二　工单回复模板

（1）供电企业产权。

业务类型	分类	说明	处理情况	备注
故障报修	供电企业产权	单户停电	【单户停电】（下发为××，经现场查勘实际为××），由××单位××班××（人员姓名）赶赴现场进行故障抢修，经查此户是××故障，于××日××点××分抢修完毕，恢复供电。客户表示认可／不认可。 处理人：×××	"经查××点××分由于××原因"应填写故障发生时间，逻辑上需早于客户报修 影响的范围中应至少包含报修地址。未包含报修地址将做退单处理
		多户停电	【多户停电】（下发为××，经现场查勘实际为××），由××单位××班××（人员姓名）赶赴现场进行故障抢修，经查××点××分由于××原因导致××干线、××线路、××号杆、××公用变压器停电（冒火、线路接地等），造成××栋楼（或××小区、××片区、几条街道或几个村）没电，于××日××点××分抢修完毕，恢复供电。客户表示认可／不认可。 处理人：×××	如国家电网公司客户服务中心南方分中心派发的故障现象与现场实际不符，按现场实际使用模板，在【】标示后增加说明：下发为××，经现场查勘实际为××

（2）抢修完毕但无法联系上客户。

业务类型	分类	说明	处理情况	备注
故障报修	抢修完毕但无法联系上客户	单户停电	【单户停电】【无法联系到客户】（下发为××，经现场查勘实际为××），由××单位××班××（人员姓名）赶赴现场进行故障抢修，经查此户是××故障，于××日××点××分抢修完毕，恢复供电。由于客户联系电话关机 / 停机 / 无人接听，导致无法联系，已短信告知处理结果(联系信息仅固定电话，无法发送短信)。处理人：×××	如国家电网公司客户服务中心南方分中心下发工单时仅有固定电话，可表明"联系信息仅固定电话，无法发送短信"后回单
		多户停电	【多户停电】【无法联系到客户】（下发为××，经现场查勘实际为××），由××单位××班××（人员姓名）赶赴现场进行故障抢修，经查××点××分由于××原因导致××干线、××线路、××号杆、××公用变压器停电（冒火、线路接地等），造成××栋楼（或××小区、××片区、几条街道或几个村）没电，于××日××点××分抢修完毕，恢复供电。由于客户联系电话关机 / 停机 / 无人接听，导致无法联系，已短信告知处理结果(联系信息仅固定电话，无法发送短信)。处理人：×××	无法联系上客户无需填写是否认可。如选择无法联系上客户，但填写了客户认可情况，将作为逻辑不符退单

（3）非供电企业产权。

业务类型	分类	说明	处理情况	备注
故障报修	非供电企业产权	已修复	【非供电产权】（下发为××，经现场查勘实际为××），由××单位××班，××（人员姓名）赶赴现场进行故障抢修，经查此户的故障点在××处，故障现象是××，非供电企业抢修范围，属××产权，于××日××点××分替客户修复送电。客户表示认可/不认可。 处理人：×××	非供电企业产权无需再添加单户或多户标签。客户内部故障或电信、联通线路、自来水井盖、楼道分配器等设备问题统一使用【非供电产权】模板。若涉及的通信线路为供电产权，例如调度光缆等，则应选用【紧急非停电】模板
		未修复	【非供电产权】（下发为××，经现场查勘实际为××），由××单位××班，××（人员姓名）赶赴现场进行故障抢修，经查此户的故障点在××处，故障现象是××，非供电企业抢修范围，属××产权，于××日××时××分跟客户解释。客户表示认可/不认可。 处理人：×××	
		客户已自行修复（注：下发为电能质量的工单，联系客户已正常的，也必须到现场查勘，故不能用此模版反馈）	【非供电产权】（下发为××，经现场查勘实际为××），由××单位××班××（人员姓名）与××报修客户联系时，客户告知已修复并有电。处理人已告知客户如有其他问题，可联系抢修人员××(联系手机：××)。客户表示认可/不认可。 处理人：×××	

（4）非国家电网供电区域。

业务类型	分类	说明	处理情况	备注
故障报修	非国家电网供电区域		【非国网供电区域】（下发为××，经现场查勘实际为××）由××单位××班××（人员姓名）赶赴现场查勘，该客户非国家电网供电，属自供区（电厂趸售），详见知识库。客户报修故障不在供电部门抢修范围内，于××日××点××分跟客户解释。客户表示认可/不认可。处理人：×××	非国家电网供电区域以知识库为准，需说明该工单地址属于知识库报备范围内。（下派地址是谐音地址，可以写明实际地址为××，国网座席下派谐音地址为××），知识库里有的，客户回访不认可，也不退单。如客户报修的地址是××路，知识库中没有，但确实属自供区，工单里注明（××地址实际在自供区××范围）

（5）无法联系上客户。

业务类型	分类	说明	处理情况	备注
故障报修	乐清市供电公司管辖范围查无此故障地址且无法联系上客户	不区分单户多户	【地址不详】由××单位××班，××（人员姓名）核实，乐清市供电公司管辖范围查无客户报修地址，××点××分起使用××电话联系客户（联系电话），始终无法与客户取得联系（说明客户电话是关机还是无法接通）。处理人：×××	填写的无法取得联系的号码为工单内的联系电话

续表

业务类型	分类	说明	处理情况	备注
故障报修	找不到故障地址且无法联系上客户	不区分单户多户	【地址不详】由××单位××班，××（人员姓名）赶赴现场进行故障抢修，××点××分到达客户反映的地址，没有发现停电情况，××点××分起使用××电话联系客户（联系电话），始终无法与客户取得联系（说明客户电话是关机还是无法接通）。处理人：×××	应至少尝试联系客户三次，每次间隔5分钟，三次联系不上方可回单

（6）已发布"停电信息"。

业务类型	分类	说明	处理情况	备注
故障报修	已发布"停电信息"	下派工单地址在信息范围内	【已发停电信息】客户报修为计划/临时停电，已发布停电信息，编号是××××，计划结束时间为××:××，已跟客户解释（联系电话），客户表示认可/不认可。处理人：×××	下发故障地址与计划/临时停电信息内地址完全一致，可按照以下模板立即回单。如报修地址与计划停电信息内地址不一致，必须待客户恢复供电后方可回复工单。市、县必须与客户解释

续表

业务类型	分类	说明	处理情况	备注
故障报修	已发布"停电信息"	下派工单地址不在信息范围内	【计划/临时停电】由××单位××班，××（人员姓名）赶赴现场进行查看，经查该地址名称有误，正确应为×××，在停电信息编号×××的计划/临时停电范围内。该计划停电已于××日××点××分工作完毕，恢复供电，客户表示认可/不认可。处理人：×××	必须是95598系统中的计划或临时停电信息已反馈送电时间，方可回单。对于南中心派发的地址无法匹配停电信息，但经现场确认确属计划停电范围内的，需在计划停电结束后回单。此类工单统一使用此模板。（国网座席下派地址谐音引起催办可以申诉，剔除）【计划/临时停电】是一个二选一的标示，各单位在回单时可以根据实际情况自行选择使用【计划停电】模板还是【临时停电】模板
		不区分单户多户，现场已送电	【计量装置】（下发为××，经现场查勘实际为××），由××单位××班，××（人员姓名）赶赴现场进行故障抢修，经查此处是××故障，造成单户（或××栋楼××小区、××片区、几条街道或几个村）没电，已于××日××点××分已为客户恢复送电并做好解释，内部已发起计量故障流程，客户表示认可/不认可。处理人：×××	只要表计产权属于供电企业，无需考虑现场多户或单户停电以及故障点产权归属等问题，统一使用【计量装置】模板。分表问题使用【非供电产权】模板

业务类型	分类	说明	处理情况	备注
故障报修	已发布"停电信息"	不区分单户多户，现场已更换表计送电	【计量装置】(下发为××，经现场查勘实际为××)，由××单位××班，××(人员姓名)赶赴现场进行故障抢修，经查此处是××故障，造成单户(或××栋楼××小区、××片区、几条街道或几个村)没电，已于××日××点××分已为客户更换新表计恢复正常用电，客户表示认可/不认可。处理人：×××	

（7）欠费停电（现场确定）。

业务类型	分类	说明	处理情况	备注
故障报修	欠费停电（现场确定）		【欠费停电】由××单位××班××(人员姓名)调查，该客户由于电费欠费未缴清，供电公司对该客户执行了欠费停电流程。已告知客户尽快缴清电费，客户表示认可/不认可。处理人：×××	客户不认可的情况下，国家电网公司客户服务中心南方分中心回访话务员将在系统中核实是否确实存在欠费，确有欠费且停电时限符合要求将归档工单。如系统显示无欠费，将回退工单

（8）存在安全隐患的紧急非停电。

业务类型	分类	说明	处理情况	备注
故障报修	存在安全隐患的紧急非停电	需约时	【紧急非停电】【约时处理】由××单位××班××（人员姓名）赶赴现场抢修，经查××点××分由于××原因导致××（有故障则填写故障现象，无故障则填现场情况），但因××原因，该问题不能彻底解决。目前已采取××措施，临时解决客户问题，现场无安全隐患，预计××时间彻底处理完成，已于××月××日将处理结果告知客户（联系电话），客户表示认可／不认可。处理人：×××	非停电但存在安全隐患的工单，如短时内无法彻底解决，应消除安全隐患后，与客户约好处理时间，做约时处理
				约时处理时间无最短时长要求
				回访人员将安排在预计处理时间后再次回访客户，若客户表示未处理好，将做退单处理。故工单中的约定时间请务必准确。此类工单各单位可将现场措施情况拍照留证。（约时处理回单要求：现场未停电，没有安全隐患，客户认可）
		不需约时	【紧急非停电】按六要素填写	电压问题可以用【紧急非停电】、【约时处理】或【紧急非停电】模板回复

（9）配合政府执行停电。

业务类型	分类	说明	处理情况	备注
故障报修	配合政府执行停电		【配合政府停电】××单位××班××（人员姓名）赶赴现场查勘，客户反映情况确实存在。该停电由政府"三改一拆"工作引起。根据××人民政府××文件要求，××地区正在由政府组织拆迁（改造等）工作，该客户户号为××××××，客户反映的故障无法处理，客户反映的故障无法处理，相关证据详见营销系统，同时以附件形式报备国家电网公司客户服务中心南方分中心。客户表示认可/不认可。处理人：×××	拆迁依据需为县级及以上政府文件。相关证据提前录入营销系统。相关配合政府停电的文件材料需发送至省中心支撑组 OA 后再回单，避免因材料缺失而造成工单回退

（10）人身伤亡。

业务类型	分类	说明	处理情况	备注
特殊事件	人身伤亡	非供电公司责任	【人身伤亡】【非供电责任】×月×日，经现场核实，事故发生地点在××（城网或农网管辖范围内），由于××（盗窃供电设施、私拉乱接、客户资产设备漏电、擅自在电力保护区内垂钓、放风等）原因，导致客户××（受伤、死亡），属于客户自身责任造成。现该事件处理结果为××。客户表示认可/不认可。处理人：×××	人身触电伤亡要第一时间通知上级管理部门

业务类型	分类	说明	处理情况	备注
特殊事件	人身伤亡	供电公司责任	【人身伤亡】【供电责任】×月×日，经现场核实，事故发生地点在××（城网或农网管辖范围内），由于××（导线锈蚀老化、供电公司资产设备漏电、电力窨井盖损坏等）原因，导致客户××（受伤、死亡），属于供电公司责任造成。现该事件处理结果为××。客户表示认可/不认可。处理人：×××	人身触电伤亡要第一时间通知上级管理部门
		不可抗力	【人身伤亡】【不可抗力】×月×日，经现场核实，事故发生地点在××（城网或农网管辖范围内），由于××（自然灾害、外力破坏、交通意外等）原因，导致客户××（受伤、死亡），属于不可抗力造成。现该事件的处理结果为××，客户表示认可/不认可。处理人：×××	

（11）催办回复。

业务类型	分类	说明	处理情况	备注
催办	催办回复		××月××日，催办工单编号××（省供编号），对应主工单编号××（国网编号），该催办信息已告知××单位××班××（人员姓名），要求工作人员与客户取得联系并尽快处理客户诉求	市供电抢修服务中心联系工作人员后催办工单可按此模板回复，被催办工作人员应立即联系催办客户，告知具体情况

（12）其他。

业务类型	分类	说明	处理情况	备注
其他	无法对应现有工单模板	按六要素填写		如配合110或119火灾停电，政府自行强拆（供电部门未参与），可以配合后未送电就回单。 （1）涉及路灯（包括红绿灯）的工单； （2）涉及窃电、违约被供电单位停电的工单，请在回单内容中增加"现场无需采取临时处理措施"的说明； （3）非故障工单下发成故障工单，请在回单内容中增加"现场无需采取临时处理措施"的说明； （4）客户误报，现场查勘后实际无故障、无异常的工单； （5）相序接反； （6）故障工单属政府行为，但供电部门并未配合采取停电，为政府请电工停电，因此与供电部门无关，无法适用任何模板，故采用六要素回单
	无法对应现有工单模板	按六要素填写：×月×日，由××（班组）××(人员姓名)赶赴现场抢修，×点×分到达现场经查，客户反映情况不属实，现场供电正常，现场故障设备属××单位，不属供电部门产权维修范围。已于×月×日向客户解释，客户表示认可（客户联系电话××）。 处理人：××		无需增加【】标示。涉及路灯按此模板回单

注意事项：

（1）注意几个关键节点的时间：①故障发生时间早于客户报修时间；②故障修复时间应处在到达现场之后、工单回复时间之前；③"于××日××点××分跟客户解释"的时间应处在到达现场之后、工单回复时间之前。以上三个时间精确到分钟。

（2）如经现场查看，发现国家电网公司客户服务中心南方分中心派发的故障地址与实际不符，请增加说明"下发为××地址，经现场查勘实际为××地址"。之后可按正确地址回单。不得使用"造成多户停电""造成该幢楼停电""造成该报修地址停电""造成5幢楼停电"等无明确地址信息的内容。

Part 2

本篇主要介绍工作人员通过手机APP等移动终端进行接单、处理、完成归档等操作。

移动作业操作篇

一　配抢终端使用前的配置

（1）打开网页端的"系统导航→运维检修中心→配网抢修管控→基础管理→抢修资源维护"菜单，在左侧导航树选中终端登录人所在的"抢修队伍／班组"，在右下角的"抢修队员"中点击"新建"按钮，若已有人员则选中该条人员记录，点击"修改"按钮，在弹出框中点击"同步 isc"按钮。

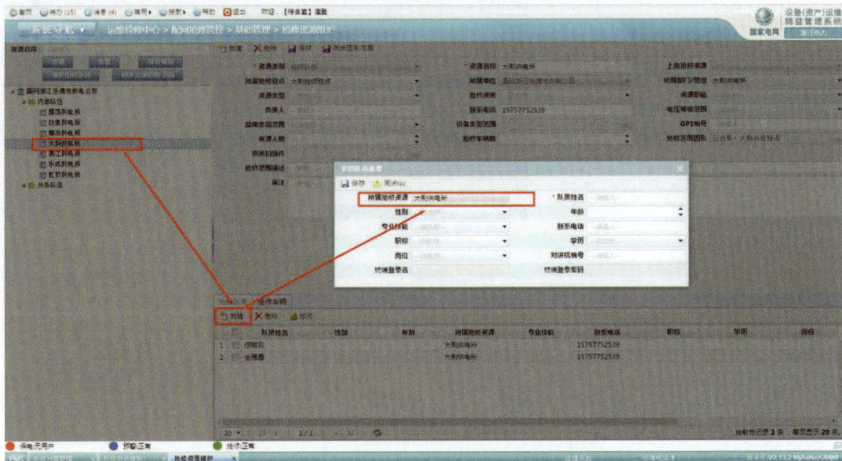

（2）在同步 isc 人员的弹出框中，在所属部门下拉框中选中终端登录人在系统中组织机构中所在的单位，点击"查询"按钮，在查询出的人员中勾选相应的人员后点击"同步"按钮。

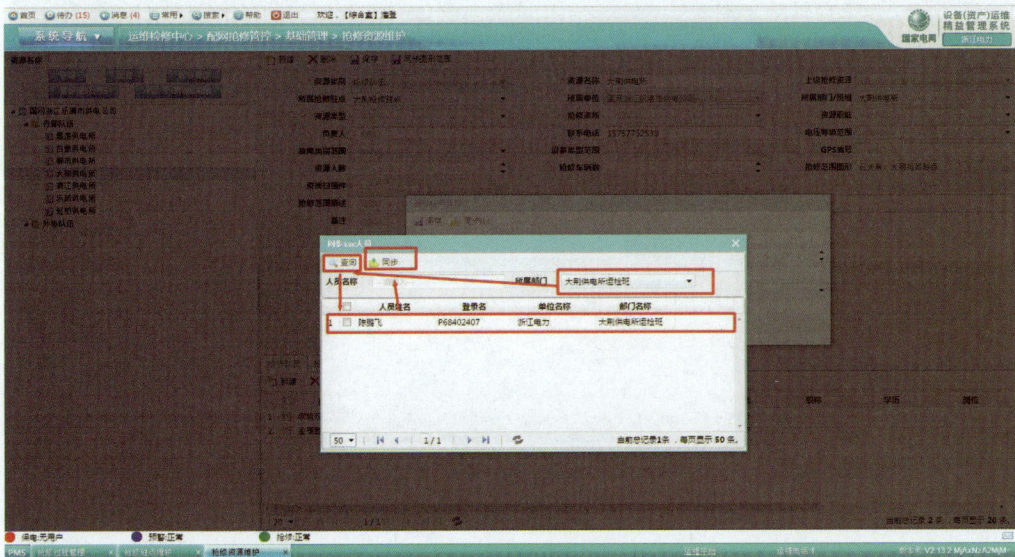

（3）点击"保存"按钮（通过以上操作同步的人员终端登录名默认为该人员的登录账号）。

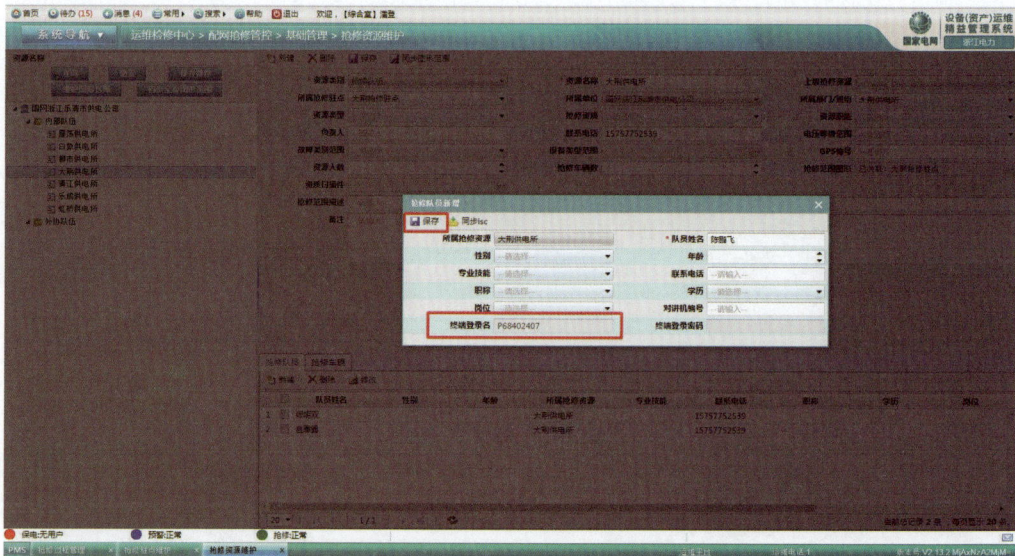

（4）在抢修人员的终端上安装配电网抢修所需的两个抢修 APP。

（5）安装完成抢修 APP 后首先打开"国网移动应用平台"APP。

国网移动应用平台

（6）点击"配置服务器地址"，按下图所示进行配置。

二 配网故障抢修操作手册

（1）登录指挥中心账号，点击"配网抢修管控—抢修管控—抢修过程管理"。

（2）选择工单，点击"抢修跟踪—抢修通知"，选择已"同步 isc"的人员，点击"确定"按钮使工单下发到抢修 APP 上；若需要转派供电所的单位，先由指挥中心转派到供电所，由供电所点击"抢修跟踪—抢修通知"，选择已"同步 isc"的人员，点击"确定"按钮使工单下发到抢修 APP 上。

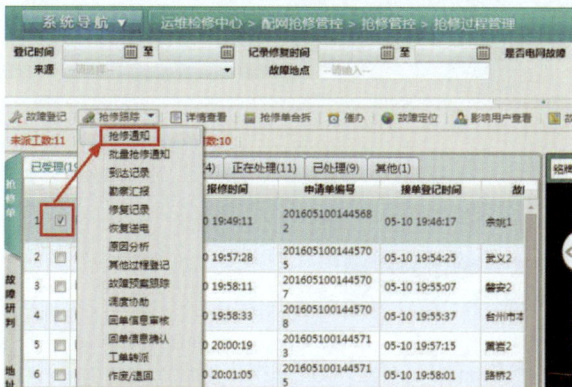

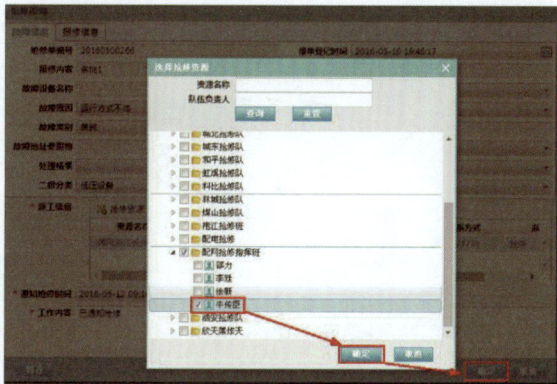

（3）抢修人员打开"国网移动应用平台"APP，输入在"抢修通知"时选择的已"同步 isc"的账号密码，点击"在线登录"。

国网移动应用平台

（4）登录成功后，打开另一个"故障抢修"APP。

故障抢修

（5）操作要点：

1）接单。有工单到达后，点击"待接单"按钮进行接单，接单成功后会提示"接单成功"。

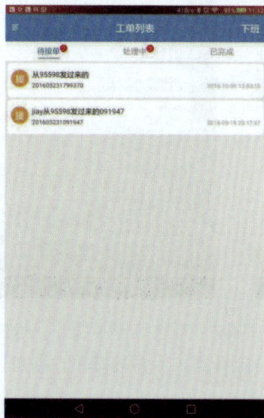

功能描述：接单中的数据为 PMS 2.0 主站上
给该登录人所在的抢修队所派发的抢修单。

2）处理。接单成功后，在"处理"界面，点击"已派单"按钮，即可进入"抢修过程"操作界面，在抢修过程中点击" "按钮，可打开工单"报修信息"按钮，点击"报修信息"按钮进入工单的报修信息界面。

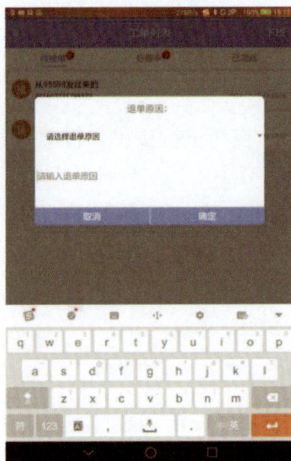

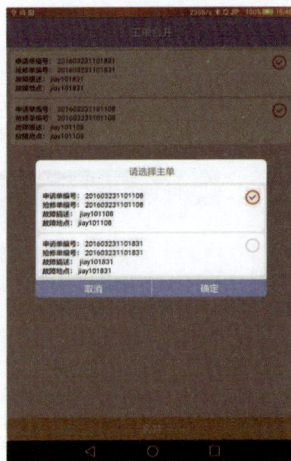

功能描述：点击一条工单可进入该抢修单详情界面，点击"退单"按钮，可进行退单操作，退回派单人员，由派单人员重新派单；点击"合并"按钮进入工单合并界面，选择需要合并的工单，点击"合并"按钮，再选择一条主单，点击"确认"按钮。

3）完成。"已归档"的工单在"完成"界面显示。

功能描述：在"完成"界面，长按一条已完成的抢修单可删除此抢修单。

4）抢修过程。

功能说明：抢修过程包含了到达记录、现场勘察、修复记录、恢复送电
四个过程。

（a）到达记录。点击"已到达"按钮，数据将上传到 PMS 2.0 主站，成功后数据不能进行修改，"已到达"按钮将置灰，到达记录时间会显示，为 PMS 2.0 主站服务时间。

功能说明：抢修过程必须先完成到达记录。"*"为必填项，如果已超时则需填写超时说明。如因网络或其他原因选择通知 PMS 2.0 主站人员进行到达，可以选择"人工到达记录原因"。

（b）勘察汇报。填写勘察信息和故障登记中的相关信息，工作内容可手输，也可点击"请选择工作内容模版"按钮进行添加。信息填写完成后，点击"已勘察"按钮，数据将上传到 PMS 2.0 主站，成功后数据不能进行修改。"已勘察"按钮将置灰，勘察汇报时间会显示，为 PMS 2.0 主站服务时间。

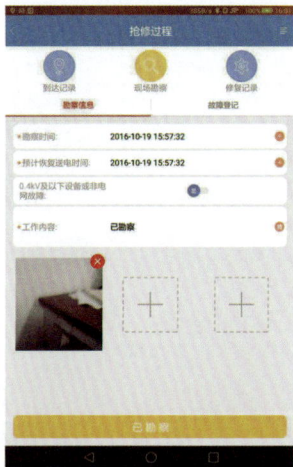

功能说明：勘察汇报包括勘察信息、故障登记，"*"为必填项，预计修复时间不能小于或等于当前时间。

点击"请选择工作内容模版"按钮，可进入工作内容模板界面。

可对工作模板进行新增、修改、长按删除操作。选择一条可将工作模板内容填入工作内容中，当前模板为自动同步的主站模板。

（c）修复记录。点击"已修复"按钮，数据将上传到 PMS 2.0 主站，成功后数据不能进行修改。"已修复"按钮将置灰，修复记录时间会显示，为 PMS 2.0 主站服务时间。

功能说明：修复记录包括工作内容、处理结果，"*"为必填项。

点击"选择工作内容模板"按钮，可进入工作内容模板界面。

可对工作模板进行新增、修改、长按删除操作。选择一条可将工作模板内容填入工作内容中。

5）工单详情。在工单处理界面或完成界面，点击工单内容描述，进入抢修工单主页面，点击"工单详情"按钮进入工单的报修信息界面，在此界面可查看用户报修信息，也可直接拨打报修用户的电话，以联系用户。

Part 3

　　本篇主要介绍常见故障分类、故障处理原则及相关要求，通过典型故障示例明确故障处理方法。

故障处理篇

一 故障处理的注意事项

1. 故障处理的主要任务

（1）尽快查明故障地点和原因，消除事故根源，防止事故的扩大。

（2）采取措施防止行人接近故障线路和设备，避免发生人身伤亡事故。

（3）尽量缩小故障停电范围和减少故障损失。

（4）对已停电的用户尽快恢复供电。

2. 故障处理的原则

（1）坚持保人身、保电网、保设备的原则。

（2）多处故障时处理顺序是先主线后分线，先公用变压器后专用变压器，先重要用户后一般用户。

3. 故障情况配电线路发生下列情况时，必须迅速查明原因并及时处理

（1）断路器跳闸（无论重合是否成功）或熔断器跌落（熔丝熔断）。

（2）发生永久性接地或频发性接地。

（3）线路倒杆、断线、发生火灾、触电伤亡等意外事故。

（4）变压器一次或二次熔丝熔断。

（5）用户报告无电或电压异常。

4. 故障处理的一般要求

（1）线路上的熔断器或柱上断路器跳闸后，不得盲目试送，必须详细检查线路和有关设备（对装有故障指示器的线路，应先查看故障指示器，以快速确定方向），确无问题后方可恢复送电。

（2）已发现的短路故障修复后，应检查故障点电源侧的连接点（跳档，搭头线），确无问题，方可恢复供电。

（3）变压器一、二次熔丝熔断时按如下规定处理：

1）一次熔丝熔断时，必须详细检查高压设备及变压器，无问题后方可送电。

2）二次熔丝（空开）熔断（跳闸）时，首先查明熔丝（空开）是否良好，然后检查低压线路，无问题后方可送电。送电后应立即测量负荷电流，判明运行是否正常。

（4）变压器、带油断路器等发生冒油、冒烟或外壳过热现象时，应断开电源，待冷却后处理。

（5）跌落式熔断器作分路开关时，合上时宜先合近边相，再合远边相，后合中相；拉开时，先拉中相，再拉远边相，然后拉近边相；有风情况下，合上时先合上风侧；拉开时，先拉下风侧。

（6）故障处理后应作好记录：重大事故应收集引起设备故障的物件；人身事故应先切断电源，保护好现场。故障、事故后应进行调查分析，制订防止事故的对策，并按有关规定提出事故报告。

5. 故障停电信息报送要求

抢修人员应在电网故障停电发生后 30min 内，及时将停电范围、停电类型等信息汇报至配抢中心。故障处理完毕送电后，应在 30min 内报送现场送电时间。

二　常见故障分类

（1）高压故障：

1）高压线路：高压线路、电缆故障。

2）高压变电设备：箱式变压器故障。

（2）低压故障：低压线路、进户装置、低压公共设备、低压计量设备。

（3）电能质量故障。

（4）客户内部故障。

（5）其他：客户误报、路灯、充电设施故障。

三 典型故障示例

1. 倒杆、断杆

吊车拔杆、立杆步骤如下：

（1）准备工作安排：现场勘察、组织现场作业人员学习作业卡、出工前"两交一查"。

（2）危险点及安全控制措施：倒杆、高处坠落、高处坠物伤人、伤害外来人员、防触电。

（3）拔杆阶段：工作许可、现场交底、吊车就位、固定吊点、基础开挖、起吊、放下电杆。

（4）立杆检查：杆洞检查、电杆检查。

（5）立杆阶段：吊车就位、电杆就位、起吊立杆、校正电杆，回填土夯实杆基、收回吊车、工作终结。

（6）验收终结：验收、送电。

2. 导线断线

导线更换步骤如下：

（1）准备工作安排：现场勘察、组织现场作业人员学习作业卡、出工前"两交一查"。

（2）危险点及安全控制措施：倒杆、高处坠落、高处坠物伤人、跑线伤人、防触电。

（3）作业阶段：工作许可、现场交底、放线盘地形检查确定、耐张杆打好临时反方向拉线、拆除旧导线、做好新旧导线连接、放线、导线压接、紧线、检查导线安装质量、固定导线、引线搭接、临时拉线等拆除、工作终结。

（4）验收终结：验收、送电。

3. 电缆中接头故障

电缆中间接头制作步骤如下：

（1）准备工作安排：组织现场作业人员学习作业卡、出工前"两交一查"。

（2）危险点及安全控制措施：划伤、碰伤。

（3）作业阶段：电缆校潮，外观检查、剥除保护层剥除主绝缘层、套入冷缩接头、压接连接管、安装冷缩绝缘层、缠绕防水胶带、安装接地线、缠绕内防水层、连接钢铠、缠绕外防水层、缠绕装甲带、电缆绝缘测试。

（4）验收终结：验收、送电。

4. 客户内部故障

检查资产分界点故障情况

（1）低压单相表产权分界点：计费电能表的出线端处。

（2）低压三相产权分界点：

1）低压三相表产权分界点（表箱为用户出资的）：用户接户线与计量表箱搭接处。

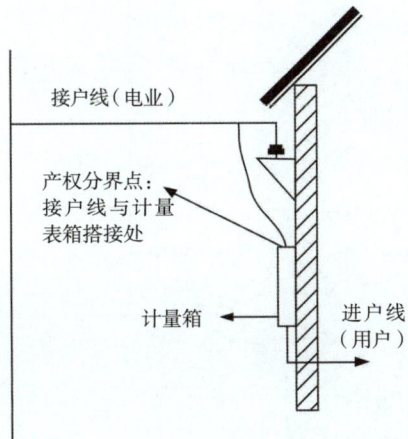

接户线（电业）

产权分界点：
接户线与计量
表箱搭接处

计量箱

进户线
（用户）

2）低压三相表产权分界点（表箱为供电方出资的，如执行居民电价的、农业排灌及农业生产等）：计量表箱断路器出口与进户线搭接处。

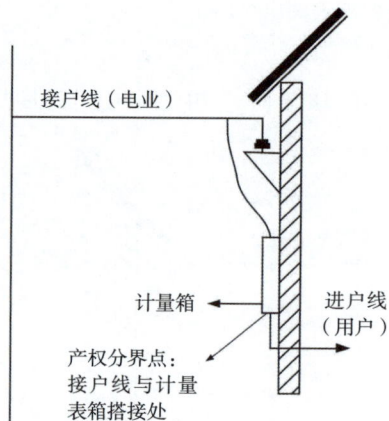

接户线（电业）

计量箱

进户线
（用户）

产权分界点：
接户线与计量
表箱搭接处

5. 专用变压器产权（描述需与现场实际为准）

（1）以用电方自建线路与供电方 ×× 线 × 号杆搭接处为资产分界点：

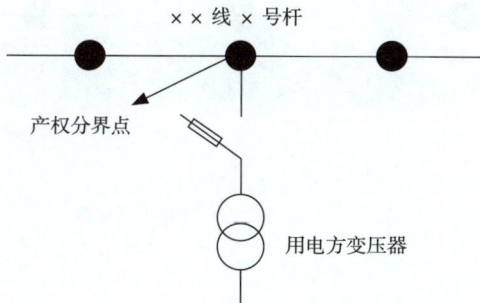

（2）以用电方自建线路与供电方 ×× 线 × 号杆和 ×× 线 × 号杆之间的架空线路搭接处为资产分界点：

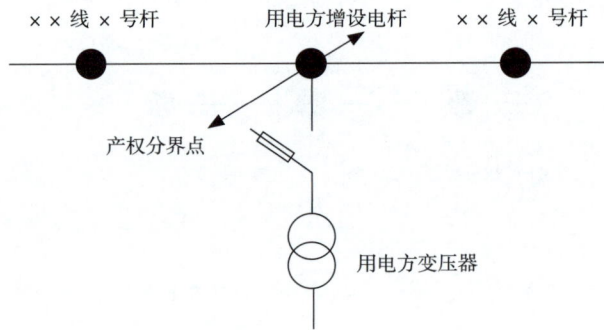

Part 4

本篇主要介绍水泥基础、电杆、变压器、断路器、跌落式熔断器、导线、电缆的检查方法，明确故障抢修中主要工程量的工艺规范要求。

工艺规范篇

一　基础检查

（1）杆塔基础坑深度的允许偏差为 –50～+100mm，有底盘时，应加上底盘厚度，深度标准见下表。如遇特殊地质情况埋深不够，需要砌混凝土护墩。

深度标准

杆型高度	10m 杆	12m 杆	15m 杆（单回，K）	15m 杆
杆洞深度	1.7m	1.9m	2.3m	2.5m

（2）直线杆横向线路方向移位不应超过 50mm；转角杆、分支杆的横线路、顺线路方向的位移均不超过 50mm。

（3）双杆基坑根开的中心偏差，不应超过 ±30mm。

二 电杆检查

（1）非预应力杆无纵向裂缝，横向裂缝的宽度不应超过 0.1mm，长度不应超过周长的 1/3。

（2）预应力杆表面光洁平整，壁厚均匀，无露筋、跑浆、纵横向裂纹等现象。

（3）检查杆塔是否倾斜、位移。杆塔偏离线路中心不应大于 0.1m。混凝土杆倾斜不应大于 15/1000，转角杆不应向内角倾斜，终端杆不应向导线侧倾斜，向拉线侧倾斜应小于 0.2m。铁塔倾斜：档距 50m 以下不大于 10/1000；档距 50m 以上不大于 5/1000。

（4）杆梢应封堵。

（5）杆塔标志，如杆号、相位标志、不同电源警告牌、3m 线标记是否齐全、明显。有爬梯的钢管塔等特殊杆塔应悬挂警告牌。

三　变压器检查

（1）变压器的外观完好、油位正常，容量符合要求。

（2）分接头开关切换良好，分接头位置正常。

（3）变压器出厂"三证"和安装试验报告齐全。

（4）杆上低压综合配电箱下端距地面至少 2m 以上，杆架底部无便于向上攀登的构件，离杆架（或台架）2m 水平距离内无高出地面 0.5m 及以上的自然物和建筑物。

（5）检查变压器是否倾斜、下沉，平台坡度不应大于 1/100。

（6）检查各种设备的各部件接点接触是否良好，有无过热变色、烧熔现象，示温片(若有)是否熔化。

四　断路器检查

（1）柱上开关是否外观完好、操作灵活、容量符合要求。

（2）开关的固定是否牢固，引线接触和接地是否良好，线间和对地距离是否足够。

（3）弹簧机构是否已储能。

（4）开关分、合位置指示是否正确、清晰。

（5）柱上开关出厂"三证"和安装试验报告是否齐全。

五　跌落式熔断器检查

（1）跌落式熔断器是否外观完好、操作灵活、容量符合要求，熔丝管有无弯曲、变形。

（2）瓷件有无裂纹、闪络、破损及严重污染。

（3）触头间接触是否良好，有无过热、烧损、熔化现象。

（4）引下线接触是否良好，与各部件间距是否合适。

（5）安装是否牢固，相间距离、倾斜角是否符合规定。

六 导线检查

（1）跳（档）线、引线应无损伤、断股、弯扭，且与电杆构件、拉线及引下线的净距离不应小于下表规定。

净距离要求

导线类型	与架空裸线距离（m）		与架空绝缘线距离（m）	
电压等级	10kV	380V 及以下	10kV	380V 及以下
导线与电杆、构件、拉线的净距离	0.2	0.1	0.2	0.05
导线对相邻导线、过引线、下引线的净距离	0.3	0.15（0.2）	0.2	0.15（0.1）

注 括号内数值为与 10kV 净距离。

（2）接户线的绝缘层应完整，无剥落、开裂等现象；导线不应松弛；每根导线接头不应多于 1 个，且应用同一型号导线相连接。

（3）架空绝缘线无过热、变形、起泡，导电体无外露，绝缘层密封良好，未出现绝缘耐张线夹握力不够造成跑线等现象。

（4）绝缘子上绑线无松弛或开断现象。

七 电缆检查

（1）电缆终端的相色是否齐全、清晰。

（2）电缆终端头和架空线的连接线是否完好，连接线夹有无松动、腐蚀、发热现象。

（3）电缆引出线间，引出线与导线、构架间的距离是否符合规定。电缆支架、保护管、支持横担等铁件装置是否符合标准，有无严重锈蚀、歪斜。

（4）电缆接地引下线是否损坏，接地连接是否良好。

（5）电缆的防雷装置是否完好。

Part 5

本篇主要介绍了服务准则、服务规范用语、仪容仪表规范、抢修车及工器具规范等要求，同时明确了抢修过程中的各个时间节点要求，为做好优质服务提供有力的支撑。

优质服务篇

一 服务准则："三要"和"三不要"

"三要"

- 仪容仪表要整洁
- 对待客户要热情
- 服务客户要用心

"三不要"

- 不要忽视客户意见
- 不要与客户发生争执
- 不要损坏公司形象

二　配网故障抢修服务规范用语

1. 出发前准备

用语1：约定预计到达的时间，可让客户缓解焦急情绪。

例如"我们大约在 ×× 点钟前到达，请您稍等"。

用语2：抢修人员以电话确认故障地址。

例如"您好！请问您是 ×× 先生/女士吗？我是 ×× 供电局抢修人员，请问您报修的地址是 ×× 吗？我重复一下您报修的地址，×× 小区 ×× 幢 ×× 室，正确吗"。

2. 抵达现场

用语 3：按约定时间到达现场，如果迟到应主动向客户致歉。
例如"对不起，让您久等了"。

用语 4：如遇特殊情况，无法在规定时限内到达现场，应向客户致歉并告之预计到达时间，
例如"您好，您是 × 先生 / 女士吗？非常抱歉，我是 ×× 供电局抢修人员，刚才接到您的报修电话，由于路上堵车，估计要耽误 ×× 时间才能到达，请您谅解"。

用语6：当要进入居民室内时，应征得客户同意，穿上鞋套后方可进入。

例如"您好！我是××供电局抢修人员，根据您报修的情况，我现在来帮您检查一下，请问现在方便进入您的房间吗"。

用语5：到达客户单位或居民小区时，应主动下车，向有关人员出示证件、表明身份、说明来意。

例如"您好！我是××供电局抢修人员，这是我的工作证件。我来给您（贵单位）××的，请您配合一下。谢谢"。

3. 现场抢修

用语 7：经检查，若故障属于客户资产范围，故障比较复杂，可向客户说明。

例如"您好，非常抱歉！经检查，停电是内部故障引起，您可委托有资质单位或电工帮您修复，请您谅解"。

用语 8：若属于 10kV 及以上故障抢修人员无法处理，抢修人员应联系配电工区等部门协助解决，并要向客户做好解释。

例如"您好！这个故障需要联系其他部门协助解决，请您稍等"。

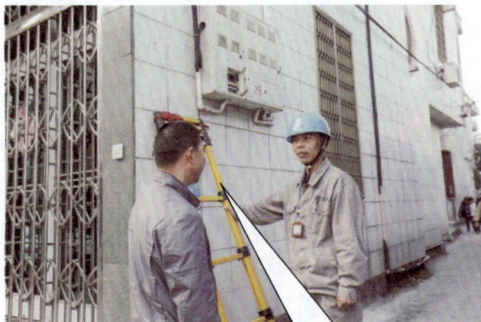

用语 9：在抢修现场，如有客户询问故障原因或修复时间等，应向客户耐心解释。

例如"我们正在抢修，会尽快帮您恢复送电，请稍候。"。不得说"早着呢""等着吧""不知道"等服务忌语。

用语 10：若抢修现场临时占道，妨碍了车辆和行人，应在现场明确标识，并耐心解释由行人或司机发出的询问。

例如"非常抱歉！我们正在进行电力故障抢修，麻烦您绕道行驶（行走），抢修完毕，我们会马上恢复正常通行，给您带来的不便，请您谅解"。

用语 11：通知客户已修复。

例如"您好，我是供电局抢修人员，已经为您复电了，请您核查一下是否已经来电，给您带来不便，请您谅解"。

4. 工作结束

用语 12：向客户交待相关注意事项，并主动征求客户意见。

例如"您好，您的故障报修已经处理完毕，今后请注意……这是《故障报修处理单》，请您帮忙签字并提出宝贵意见。谢谢配合"。

用语 13：离开时礼貌告别客户。

例如"谢谢您的支持与配合，今后若还有用电方面的问题，欢迎拨打 95598 供电服务热线，我们将随时为您提供服务，再见"。

三 仪容仪表规范

着装规范

- 佩戴安全帽并系好安全帽帽扣
- 仪容仪表需整洁干净
- 穿着统一工装
- 佩戴工作证件
- 戴手套、穿绝缘鞋

精神状态

- 抢修人员精神饱满、状态良好
- 抢修人员未饮酒
- 抢修人员无社会干扰及思想负担

四 抢修车辆、工器具规范

抢修人员交接班时，检查以下内容：

（1）检查抢修车辆是否可以正常使用。

（2）检查车辆后备箱，各类工器具是否齐全完好（后备箱改造依据各个地区相关部门要求而定，下图中所示仅供参考）。

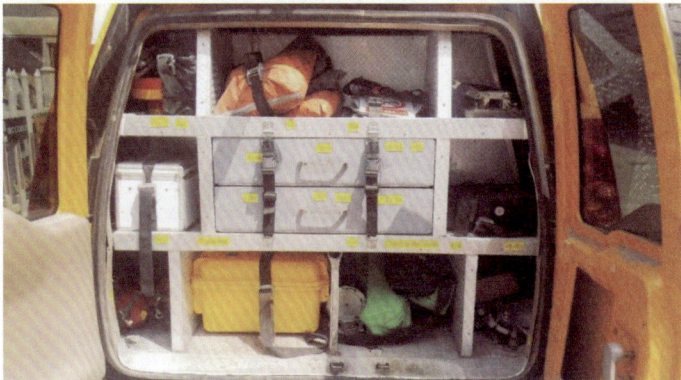

工器具

序号	设备名称	型号规格	单位	数量
1	验电笔	10kV/0.4kV	个	1
2	接地线		组	2
3	绝缘操作杆		个	1
4	压接钳		把	1
5	大剪刀		把	1
6	绝缘剪刀		把	1
7	绝缘手套		副	2
8	安全带		根	2
9	登高板		副	2
10	绝缘绳		条	2
11	雨衣、胶靴		件	2
12	警示护栏		个	3
13	警告牌		副	6
14	手电筒		个	2
15	对讲机		台	3
16	钳形电流表		个	1

序号	设备名称	型号规格	单位	数量
17	个人组合工具		套	2
18	安全帽		只	4
19	绝缘梯		副	1
20	油锯		台	1
21	螺帽破碎机		台	1
22	绝缘导线剥皮器		台	1
23	数字式接地电阻测试仪		台	1
24	核相仪		台	1
25	电缆识别仪		台	1

车载器具

配置处理典型故障所需
熔断器、保护开关、绝缘子、金具、电缆附件、导线等材料

五　重点注意的事项

1. 接单时间要求

确保在时限内接单（3min）。

2. 到达现场时间

配网抢修人员到达现场的时间不得超过：城区范围45min；农村地区90min；特殊边远地区2h。

3. 故障修复时间

平均停电抢修时间须控制在3h以内，其中配网主要故障抢修时间需控制在《浙江省电力公司配网主要故障抢修恢复月平均估算时间（试行）》的规定时间内。

配网高压设备修复时间平均估算值　　　　　单位：min

跌落开关	隔离开关	熔断器	架空线	柱上开关	电缆	电杆	瓷瓶	开关柜	金具	导线	压变
166	172	165	170	175	175	178	146	175	170	168	175

配网低压设备修复时间平均估算值　　　　单位：min

进户线	熔断器	低压闸刀箱	计量表计	电流互感器	配电柜	开关	表箱	分支箱
145	135	145	135	170	170	155	170	165

4. "三个电话"要求

抢修时打好三个电话，避免客户催办，催办工单 15min 内反馈与客户联系情况、工作进程、抢修人员位置、预计修复时间。注意使用文明礼貌用语、语气柔和、语速适中。

第一个电话：抢修人员接到抢修工单后，应第一时间联系报修客户（故障工单有主叫号码和联系号码之分，首先联系主叫号码，并确认联系号码是否是该客户），使用规范的文明服务用语，先表明身份，讲明通话目的和内容。要确认报修地点，说明预计到达时间，尽可能安抚客户焦急的情绪，引导报修人与抢修人员保持联系。

到达现场（第二个电话）：抢修人员到达故障现场后，应立即和配网抢修指挥中心（或市级供电抢修服务中心）联系，详细描述现场故障情况和故障原因，告知预计修复时间。既让抢修指挥中心（或市级供电抢修服务中心）掌握现场故障情况和大约修复时间，也可证明抢修人员确实到达现场。

完成抢修（第三个电话）：抢修人员完成故障抢修后，联系客户确认报修故障已修复并向配抢中心汇报抢修已完成。务必做到一次性解决相关问题，安抚客户情绪，避免事态升级。

5．约时处理

（1）非停电但存在安全隐患的工单，如短时内无法彻底解决，应消除安全隐患后，与客户约好处理时间，做约时处理。

（2）约时处理时间无最短时长要求。

（3）回访人员将安排在预计处理时间后再次回访客户，若客户表示未处理好，将做退单处理。故工单中的约定时间请务必准确。此类工单各单位可将现场措施情况拍照留证（约时处理回单要求：现场未停电，没有安全隐患，客户认可）。

6．最终答复

客户不接受抢修人员的解释，需按最终答复处理该工单。

符合以下三种情况，可以按"最终答复"办结：

（1）因醉酒、精神异常、限制民事行为能力人等提出无理要求，供电企业确已按相关规定答复处理，但客户诉求仍超出国家有关规定的工单以"最终答复"办结。

（2）因青苗赔偿、家电赔偿引发经济纠纷，供电企业确已按相关规定处理，但客户诉求仍超出国家有关规定的工单以"最终答复"办结。

（3）因触电、电力施工、电力设施安全隐患等引发的伤残或死亡事件，供电企业确已按相关规定答复处理，但客户诉求仍超出国家有关规定的工单以"最终答复"办结。